Die Vegetation des Tieflands Costa Ricas aus geoökologischer Perspektive. Ein Überblick über Verbreitung und Zusammensetzung

Dominik Prinz

Bibliografische Information der Deutschen Nationalbibliothek:

Die Deutsche Nationalbibliothek verzeichnet diese Publikation in der Deutschen Nationalbibliografie; detaillierte bibliografische Daten sind im Internet über http://dnb.d-nb.de abrufbar.

ISBN: 9783346383099
Dieses Buch ist auch als E-Book erhältlich.

Institut für Geographie und Regionalforschung
Universität Wien

Vegetation des Tieflands Costa Ricas

Verfasser

Dominik Prinz, BEd

PS zur Vorbereitung der Fachexkursion Ausland: Costa Rica: Biogeographie und Geoökologie

Sommersemester 2019

Inhaltsverzeichnis

1   Verbreitung der Tieflandvegetation in Costa Rica

Als tropische Tieflandvegetation bezeichnet man die Pflanzendecke in tropischen Breiten von zirka 0-1.000/1.500 m Seehöhe. (vgl. PFADENHAUER und KLÖTZLI 2014: 138) Eine klare Abgrenzung ist nicht gegeben, da von einem langsamen und kontinuierlichen Übergang der Tieflandvegetation zur Vegetation des Hochlands ausgegangen werden muss. Das Tiefland Costa Ricas kann grob in folgende Vegetationszonen eingeteilt werden: tropisch trockene regengrüne Laubwälder im Nordwesten, saisonal tropische Tieflandregenwälder an der zentralen Pazifikküste und immergrüne tropische Tieflandregenwälder, wobei zwischen jenen an der Atlantikküste und jenen an der Pazifikküste unterschieden werden muss. (vgl. HORN und HABERYAN 2016: 660) Vegetationskarten Costa Ricas sind in PFADENHAUER und KLÖTZLI (2014) auf Seite 142 und in HORN und HABERYAN (2016) auf Seite 660 abgebildet.

2 Tropisch trockene regengrüne Laubwälder im Nordwesten

Tropisch trockene regengrüne Laubwälder findet man an der nördlichen Pazifikküste Costa Ricas, d.h. in weiten Teilen der Provinz Guanacaste sowie auf der Nicoya-Halbinsel. Das Klima ist sommerfeucht, Regen- und Trockenzeit wechseln sich ab. 95% der Niederschläge fallen von Mai bis Dezember. Die Trockenzeit dauert etwa fünf bis sechs Monate von Dezember bis Mitte Mai. (vgl. JIMÉNEZ et al. 2016: 250) Die durchschnittliche Jahresniederschlagsmenge liegt bei etwa 1.800 mm, wobei es im äußersten Nordwesten am trockensten ist (rund 1.000-1.500 mm). (vgl. MATA und ECHEVERRÍA 2004, ASCH et al. 2000, MATEO-VEGA 2001, zit. n. JIMÉNEZ et al. 2016: 250) Die durchschnittlichen Temperaturen liegen zwischen 24.6 und 30°C. (vgl. ASCH et al. 2000, zit. n. JIMÉNEZ et al. 2016: 250)

Im Allgemeinen sind tropische Trockenwälder, was die Struktur und Zusammensetzung der Vegetation betrifft, weniger komplex als feuchte tropische Wälder. (vgl. HOLDRIDGE 1967, MURPHY und LUGO 1986, zit. n. JIMÉNEZ et al. 2016: 250) Die Trockenwälder Costa Ricas sind von laubabwerfenden und immergrünen Bäumen geprägt. Die Artendichte der Bäume ist mit etwa 30 Arten pro Hektar relativ gering. Trotz der ariden Perioden gedeihen Gehölzpflanzen, da sie auch in der Trockenzeit durch ihr weitreichendes Wurzelsystem fähig sind Regen- und Grundwasser zu nutzen. So setzt sich die Vegetation aus etwa 20-30 m hohen Bäumen zusammen, die manchmal bedornt sind. Die Strauchschicht ist etwa zwei bis fünf Meter hoch; die Krautschicht artenarm aber dicht. (vgl. JIMÉNEZ et al. 2016: 252f.; vgl. PFADENHAUER und KLÖTZLI 2014: 154, 167f.) Sowohl die Kraut- als auch die Strauchschicht sind oft durch sukkulente Pflanzen, wie Opuntiaarten sowie durch bedornte Gehölzpflanzen, wie *Acacia collinsii* (Kugelkopf-Akazie), gekennzeichnet. Kakteen wachsen sowohl auf dem Boden als auch auf Bäumen. Epiphyten sind vergleichsweise selten anzutreffen und auf die Trockenheit spezialisiert. Dennoch existiert eine beträchtliche Anzahl an Bromelien und Orchideen. (vgl. HOLDRIDGE et al. 1971, JANZEN 1983, zit. n. MORALES 2001: 24f.; vgl. PFADENHAUER und KLÖTZLI 2014: 154, 167f.) Zu den häufig vorkommenden Arten zählen Lianen der Familien *Malpighiaceae* und *Bignoniaceae*. Rund 20% der Trockenwaldflora bestehen aus Lianen. (vgl. HARTSHORN 1983, zit. n. JIMÉNEZ et al. 2016: 253) Man findet auch einen großen Anteil an Leguminosen, wie *Enterolobium cyclocarpum* (eine Unterart der Mimosengewächse), der große und feingefiederte Blätter aufweist. Weiters kommt der mit rotem Stamm und abblätternder Rinde Weißgummibaum (*Bursera simaruba*) vor, der oft als ‚lebender Zaun' zur Abgrenzung von Weideland dient. Häufig ist auch der charakteristisch gelbblühende und zur Familie der *Bixaceae* gehörende *Cochlospermum vitifolium*

(Butterblumenbaum), dessen Samen Flughaare besitzen. Andere typische Arten sind *Hymenaea courbaril, Byrsonima crassifolia, Guazuma ulmifolia, Spondias mombin,* um nur einige zu nennen. Immergrüne Bäume und Sträucher besitzen meist schlanke Stämme, kleinere Kronendächer und weisen sklerophylles und kleinblättriges Laub auf, wie *Quercus oleoides.* (vgl. JIMÉNEZ et al. 2016: 253f.; vgl. PFADENHAUER und KLÖTZLI 2014: 167f.)

Tab. 1: Häufigste Pflanzenfamilien in den Trockenwäldern im Nordwesten Costa Ricas (Quelle: JIMÉNEZ et al. 2016: 254, mit deutscher Namensgebung erweitert)

Familien mit den meisten Individuen	Familien mit der höchsten Anzahl an Arten
Asteraceae (Korbblütler)	*Acanthaceae* (Akanthusgewächse)
Bignoniaceae (Trompetenbaumgewächse)	*Apocynaceae* (Hundsgiftgewächse)
Convolvulaceae (Windengewächse)	*Boraginaceae* (Raublattgewächse)
Cyperaceae (Sauergrasgewächse)	*Capparaceae* (Kaperngewächse)
Euphorbiaceae (Wolfsmilchgewächse)	*Malpighiaceae* (Malpighiengewächse)
Fabaceae (Hülsenfrüchtler)	*Polygonaceae* (Knöterichgewächse)
Malvaceae (Malvengewächse)	*Sapindaceae* (Seifenbaumgewächse)
Moraceae (Maulbeergewächse)	*Sterculiaceae* (Sterkuliengewächse)
Poaceae (Sauergräser)	*Verbenaceae* (Eisenkrautgewächse)
Rubiacea (Rötegewächse)	
Solanaceae (Nachtschattengewächse)	

Die Artenzusammensetzung hängt natürlich auch mit den Bodeneigenschafen ab. Auf steinig-sandigem, saurem und unfruchtbarem Terrain findet man häufiger krautige Pflanzen, während auf den fruchtbareren Böden, meist in den Tälern, mit üppigerer Vegetation zu rechnen ist. (vgl. VARGAS ULATE 2001, zit. n. JIMÉNEZ et al. 2016: 254)

Im Allgemeinen kann man die Trockenwälder Costa Ricas in drei Vegetationszonen unterteilen. Das nördliche Guanacaste und die Halbinsel Santa Elena weisen Elemente aus der Flora Mexikos und Guatemalas auf. Vorzufinden sind vorwiegend krautige Pflanzen und Sträucher mit Stacheln; auch dichte Wälder mit sowohl laubabwerfenden als auch immergrünen Bäumen treten auf. An Waldrändern gedeihen insbesondere auch Kakteen, wie *Acanthocereus tetragonus, Pereskia lychnidiflora, Melocactus curvispinus, Opuntia cochenillifera, Stenocereus aragonii* etc. Im zentralen Guanacaste, im Río Tempisque-Becken und in den Feuchtgebieten Palo Verde sind Wälder mit laubabwerfenden Bäumen genauso häufig wie

Wälder, in denen immergrüne Bäume überwiegen. (vgl. JIMÉNEZ et al. 2016: 254-257)
Trockene Eichenwälder mit *Quercus oleoides* kommen in dieser Region an den unteren Hängen der Cordillera de Guanacaste vor. Die Eichenart *Quercus oleoides* wächst nur über Kalktuff. (vgl. MONTOYA 1966, zit. n. JIMÉNEZ et al. 2016: 257) Im nördlichen Teil der Halbinsel Nicoya erstrecken sich Trockenwälder, während an der Südspitze, wo die mittleren Jahresniederschläge 2.000 mm erreichen, Wälder auftreten, deren Bäume nur geringfügig Laub abwerfen. (vgl. JIMÉNEZ et al. 2016: 257f.)

In der kurzen Regenzeit ist der Nährstoffbedarf für die Entwicklung des Laubes groß, weshalb nährstoffreiche Böden für die Entstehung von regengrünen Laubwäldern Voraussetzung sind. Für immergrüne Arten der feuchten Regenwälder und sklerophylle Pflanzen der Trockenwälder sind die Bedingungen suboptimal, wodurch sich eine Nische für spezialisierte regengrüne Laubbäume auftut. Die Stoffproduktion der regengrünen Pflanzen überschreitet die der anderen. Der Abwurf des Laubes bedeutet einen Wettbewerbsvorteil gegenüber den immergrünen Tropenpflanzen. (vgl. PFADENHAUER und KLÖTZLI 2014: 164)
Die Bäume treiben schon einige Wochen vor Beginn der Regenzeit aus. Der Austrieb wird durch die höheren Temperaturen am Ende der Trockenzeit initiiert und nicht durch die erhöhte Bodenfeuchtigkeit aufgrund von Niederschlägen. (vgl. LÜTTGE 2008, zit. n. PFADENHAUER und KLÖTZLI 2014: 164) Zu Beginn der Trockenperiode werfen die meisten Laubbäume nach und nach ihre Blätter ab, um einer Dehydrierung zu entgehen. Dies kann, je nach Art, mehrere Wochen oder Monate dauern. (vgl. HOLBROOK et al. 1995, zit. n. PFADENHAUER und KLÖTZLI 2014: 164) Der Blattabwurf wird vermutlich photoperiodisch gesteuert, d.h. die Pflanzen reagieren auf die Verkürzung der Tageslänge und nicht auf die ausbleibenden Niederschläge. Manche Arten behalten ihre Blätter auch, wenn die Regenzeit überdurchschnittlich lang war. Fakultativ regengrüne Bäume können je nach Wasserverfügbarkeit ihre Blätter behalten oder abwerfen. (vgl. LÜTTGE 2008, zit. n. PFADENHAUER und KLÖTZLI 2014: 164f.) Die Blütenentwicklung wird hydroperiodisch gesteuert. Sie werden meist am Ende der Trockenzeit gebildet, bevor sich die Blätter entfalten, da die ganze Energie für die Blütenproduktion aufgewendet wird. Auf den kahlen Zweigen wirken die Blüten für Bestäuber besonders anziehend, wodurch ein Wettbewerbsvorteil gegenüber immergrünen Arten gegeben ist. (vgl. HOLDRIDGE et al. 1971, JANZEN 1983, zit. n. MORALES 2001: 24f.; vgl. PFADENHAUER und KLÖTZLI 2014: 165f.)
Die Fläche der Trockenwälder im Nordwesten Costa Ricas wurde vor allem in der ersten Hälfte des 20. Jahrhunderts durch Rodung stark dezimiert. Ziel war es Land für Viehzucht und

Ackerbau zu gewinnen. (vgl. MYERS 1981, PARSONS 1983, THRUPP 1988, HARRISON 1991, SÁNCHEZ AZOFEITA et al. 2001, zit. n. JIMÉNEZ et al. 2016: 248) Auch invasive Neophyten verändern zunehmend die natürliche Vegetationszusammensetzung der regengrünen Laubwälder Costa Ricas. Zum Beispiel wurden im Nationalpark Guanacaste zur Verbesserung der Weide afrikanische C4-Gräser, wie *Hyparrhenia rufa*, eingeführt. Diese Art verursacht immer wieder Brände, wodurch Gehölzpflanzen, die weniger gut mit Feuer zurechtkommen, da sie meist eine dünne Borke besitzen, zurückgedrängt werden. Das eigentlich feuerarme Ökosystem verändert sich mehr und mehr zu einer anthropogenen Savanne. Aufgrund der häufig durch Menschen ausgelösten Brände sind tropisch regengrüne Wälder besonders gefährdet. (vgl. PFADENHAUER und KLÖTZLI 2014: 166, 197)

3 Saisonal tropische Tieflandregenwälder

Saisonal tropische Tieflandregenwälder bzw. Feuchtwälder haben ihr Verbreitungsgebiet an der zentralen Pazifikküste Costa Ricas, genauer gesagt im Norden der Provinz Puntarenas sowie im Valle Central (zentrales Tal). An der Atlantikküste mussten diese Wälder oft für Weideland sowie für Bananen- und Ananasplantagen Platz machen. Abgesehen von den Wäldern in den Schutzzonen sind aber auch die saisonal tropischen Tieflandregenwälder an der Pazifikküste flächenmäßig geschrumpft, da sie durch Weide- und Ackerland ersetzt wurden. Nichtsdestotrotz, der physiographische Charakter der zentralen Pazifikregion hat sich ständig verändert, wodurch sich eine spezielle Flora entwickeln konnte. (vgl. JIMÉNEZ und CARRILLO 2016: 345ff.) Nach ELIZONDO et al. (1989) gehört die zentrale Pazifikregion zu den Orten mit den meisten endemischen Arten Costa Ricas, was wahrscheinlich auf die Lage zwischen den Trockenwäldern im Norden und den immergrünen tropischen Regenwäldern im Süden zurückzuführen ist. (vgl. ELIZONDO et al. 1989, zit. n. JIMÉNEZ und CARRILLO 2016: 345f.) Das Klima ist subhumid, wobei der Norden etwas trockener ist als die südlichen Regionen und das Valle Central. (vgl. HERRERA 1986, zit. n. JIMÉNEZ und CARRILLO 2016: 345). Im saisonalen tropischen Tieflandregenwald sind zwei bis drei Monate trockener. Die negative Wasserbilanz hat zur Folge, dass einige Bäume meist in den oberen Schichten ihre Blätter abwerfen. (vgl. PFADENHAUER und KLÖTZLI 2014: 83)

Die saisonalen tropischen Regenwälder in der zentralen Pazifikregion zeichnen sich durch eine sehr hohe Biodiversität aus. (vgl. JIMÉNEZ und CARRILLO 2016: 347) Die nachstehende Tabelle zeigt die am häufigsten vertretenen Pflanzenfamilien und -gattungen der Region.

Tab. 2: Häufigste Pflanzengattungen und -familien in den saisonal tropischen Tieflandregenwäldern der zentralen Pazifikregion Costa Ricas (Quelle: JIMÉNEZ und CARRILLO 2016: 347, mit deutscher Namensgebung erweitert)

Häufigste Pflanzengattungen	Familien mit der höchsten Anzahl an Arten
1. *Piper* (*Piperaceae*)	1. *Orchidaceae* (Orchideen)
2. *Peperomia* (Zwergpfeffer, *Piperaceae*)	2. *Fabaceae* (Hülsenfrüchtler)
3. *Epidendrum* (*Orchidaceae*)	3. *Asteraceae* (Korbblütler)
4. *Elaphoglossum* (Zungenfarn, *Dryopteridaceae*)	4. *Rubiaceae* (Rötegewächse)
5. *Solanum* (Nachtschatten, *Solanaceae*)	5. *Poaceae* (Süßgräser)
6. *Psychotria* (Brechsträucher, *Rubiaceae*)	6. *Melastomataceae* (Schwarzmundgewächse)

7. *Miconia* (*Melastomataceae*)	7. *Piperaceae* (Pfeffergewächse)
8. *Anthurium* (Flamingoblumen, *Araceae*)	8. *Araceae* (Aronstabgewächse)
9. *Philodendron* (*Araceae*)	9. *Solanaceae* (Nachtschattengewächse)
10. *Asplenium* (Streifenfarne, *Aspleniaceae*)	10. *Euphorbiaceae* (Wolfsmilchgewächse)
11. *Inga* (*Fabaceae*)	
12. *Passiflora* (Passionsblume, *Passifloraceae*)	
12. *Paspalum* (*Poaceae*)	
13. *Ocotea* (*Lauraceae*)	
14. *Ficus* (Feige, *Moraceae*)	
15. *Pleurothallis* (*Orchidaceae*)	
16. *Maxillaria* (*Orchidaceae*)	
17. *Tillandsia* (Tillandsien, *Bromeliaceae*)	
18. *Polypodium* (Tüpfelfarne, *Polypodiaceae*)	
19. *Thelypteris* (Lappenfarne, *Thelypteridaceae*)	

Grundsätzlich lassen sich vier Vegetationszonen ausmachen: die zentrale Pazifikküste und ihre Berghänge, das zentrale Tal (Valle Central) bzw. die zentrale Hochebene (Meseta Central), die Berghänge Turrubares, Puriscal und Escazú sowie das Savegre-Tal und Fila Chonta. (vgl. JIMÉNEZ und CARRILLO 2016: 348-354)

Die zentrale Pazifikküste und ihre Berghänge zeichnen sich durch eine hohe Diversität an Bäumen aus. Zahlreiche Endemiten sind anzutreffen. In den Primärwäldern des nördlichen Teils, wo auch der Carara Nationalpark liegt, kommen viele immergrüne Baumarten vor, die man auch in den Trockenwäldern in Guanacaste findet. Dazu zählt beispielsweise *Enterolobium cyclocarpum*. Emergenten, wie *Caryocar costaricense*, erreichen eine Höhe bis zu 40 m; sonst werden die höheren Bäume 30 bis 35 m hoch. Typische Arten sind *Brosimum utile* (Amerikanischer Kuhbaum) oder *Hura crepitans* (Sandbüchsenbaum), der einen dornigen Stamm und dornige Äste aufweist. Die untere Kronenschicht ist artenreich und besteht vorwiegend aus Lianen sowie Vertreter der *Rubiaceae*, *Piperaceae*, *Araceae* etc. In den Sekundärwäldern ist der 30 m hohe und gelbblühende *Schizolobium parahyba* eine der häufigsten Arten. Auch Sumpfgebiete und Seen, die schwimmende Wasserpflanzen beherbergen, kommen im Carara Nationalpark vor. Landeinwärts steigt die Seehöhe. Auf den Hochebenen gedeihen unter anderem *Tabebuia rosea*, *T. ochracea*, *Tecoma stans* etc. Neben dichten Wäldern treten in der hügeligen Landschaft auch Baumsavannen mit seltenen Arten, wie *Swietenia macrophylla* (Amerikanischer Mahagoni), *Acosmium panamense* oder

Calophyllum brasiliense auf. Östlich der Baumsavannen geht die Vegetation in prämontane Sekundärwälder über. (vgl. JIMÉNEZ und CARRILLO 2016: 348-351)

Im zentralen Tal bzw. auf der zentralen Hochebene bildeten sich über vulkanischem Ausgangsgestein und Kalkstein fruchtbare Böden. Die prämontanen Tieflandregenwälder wurden häufig durch Kaffeeplantagen ersetzt. Die übriggebliebenen Regenwälder setzen sich aus Arten wie *Ficus costaricana, Ehretia latifolia, Inga punctata, Cinnamomum cinnamomifolium* oder *Albizia adinocephala* zusammen. Zwischen den Kaffeeplantagen wurden oft schattenspendende Arten, wie *Inga edulis* oder auch exotische Arten, wie *Erythrina poeppigiana*, gepflanzt. (vgl. JIMÉNEZ und CARRILLO 2016: 351f.)

Östlich des Valle Central erstrecken sich sehr feuchte Wälder mit einem hohen Anteil an endemischen Arten. Ein typischer Vertreter der Flora der Berghänge Turrubares, Puriscal und Escazú ist der zur Familie der Lauraceae gehörende *Caryodaphnopsis burgeri*. Die Hänge der Escazú-Hügel werden von Eichenwäldern dominiert. Das Gebiet südlich des zentralen Tales liegt im Regenschatten der Berge, wodurch hier überaschenderweise auch typische Arten der Trockenwälder, wie *Dalbergia retusa* oder *Plumeria rubra*, vorkommen. An der Küste befindet sich der Manuel-Antonio- Nationalpark mit Bäumen, die 50 m hoch werden können. Dazu zählen zum Beispiel *Pradosia atroviolacea* oder *Ceiba pentandra*. Andere typische Arten sind *Vitex cooperi, Batocarpus costaricensis, Attalea rostrata* etc. An den Sandstränden wachsen unter anderem *Hibiscus pernambucensis* und *Chrysobalanus icaco* (Kokospflaume). (vgl. JIMÉNEZ und CARRILLO 2016: 352f.)

Im Savegre-Tal fallen Niederschläge von 6.000 mm pro Jahr. Viele gefährdete Arten sowie Arten, die sonst nur auf der Osa Halbinsel zu finden sind (z.B. *Parkia pendula*) kommen hier vor. (vgl. JIMÉNEZ und CARRILLO 2016: 353f.)

4 Immergrüne tropische Tieflandregenwälder

4.1 Allgemeines zum tropischen Tieflandregenwald

Niederschläge fallen im tropischen Tieflandregenwald üblicherweise als Zenitalregen am Nachmittag. In den regenärmeren Perioden kann die relative Luftfeuchtigkeit im Kronendach oder knapp darüber auf unter 40% sinken. Dann ist es, durch die hohe Evapotranspiration, möglich, dass es zu einem Wassermangel bei manchen Arten kommt. (vgl. PFADENHAUER und KLÖTZLI 2014: 83) Das Klima im Inneren des tropischen Tieflandregenwaldes unterschiedet sich maßgeblich von dem im Kronendach. (vgl. AOKI et al. 1975, zit. n. PFADENHAUER und KLÖTZLI 2014: 83) Die Luftfeuchtigkeit beträgt im Inneren über 90%, die durchschnittliche Temperatur zwischen 22 und 29°C, wobei die Temperaturschwankungen zwischen Tag und Nacht ausgeglichener sind als im Kronendach. Die Sonneneinstrahlung sinkt am Waldboden auf 1-3%, weshalb in diesem Bereich Pflanzen auch keinen Verdunstungsschutz besitzen. Die Transpiration erfolgt durch Spaltöffnungen an den Blattflächen sowie durch Guttation, d.h. durch aktive Wasserabgabe in wassergesättigtem Zustand. Die Freisetzung von Kohlenstoffdioxid ist aufgrund der hohen Temperaturen sehr groß. Insbesondere nachts steigt die CO_2-Konzentration über dem Boden auf über 450 ppm. Die hohen Werte sind auf die geringe Luftbewegung am Boden und die fehlende Assimilation durch das Blattgewebe zurückzuführen. (vgl. PFADENHAUER und KLÖTZLI 2014: 83)

Die vertikale Struktur eines immergrünen tropischen Tieflandregenwaldes ist abhängig von der Niederschlagsmenge, vom Entwicklungszustand im Regenerationsprozess, von der Zusammensetzung der Arten, d.h., wie viele dominante Arten vorkommen, und von der Lage (eben oder auf Hang). Die höchsten Bäume des Regenwaldes werden etwa 40 bis 50 m hoch, wobei einige über 60 m wachsen können und als Emergenten bezeichnet werden, da sie über das Kronendach hinausragen. Der Regenwald ist aus mehreren Schichten aufgebaut. Die höchsten Bäume weisen schirmförmige Kronen auf, während die Bäume im Unterstand runde oder konische Kronen haben. In der Regel besitzen die Bäume keine Borke, da ein Schutz gegen Frost oder Feuer nicht notwendig ist. (vgl. VARESCHI 1980, zit. n. PFADENHAUER und KLÖTZLI 2014: 88)

Die Krautschicht fehlt bei tropisch perhumiden Bedingungen zur Gänze, aber auch sonst ist sie, aufgrund der geringen Sonneneinstrahlung, artenarm. Es können lediglich Kryptogamen, wie Farne, vorkommen. Im Verjüngungs- und Zerfallszustand des Regenwaldes sind krautige

Pflanzen allerdings recht häufig. Die Strauchschicht ist charakterisiert durch Stauden mit Krautstämmen, wie die Vertreter von *Begoniaceae* und Scheinstämmen, wie Arten der Gattung *Heliconia*. (vgl. PFADENHAUER und KLÖTZLI 2014: 90f.)

Die meisten Bäume haben Brettwurzeln, das bedeutet ein flaches und oberflächliches Wurzelwerk. Unter der Bodenoberfläche treten kammartige Hauptwurzeln auf, die sich zu feinen Seitenwurzeln fortsetzen. (vgl. VARESCHI 1980, zit. n. PFADENHAUER und KLÖTZLI 2014: 88) Es bildet sich ein dichtes Wurzelnetz in den ersten 10-30 cm der obersten Bodenschicht, sodass eine optimale Nährstoffaufnahme ermöglicht wird. (vgl. PFADENHAUER und KLÖTZLI 2014: 88f.)
Andere Baumarten, wie *Socratea exorrhiza* (Stelzenpalme), besitzen Stelzwurzeln, die aus dem unteren Bereich des Stammes entspringen. Weiters existieren Bäume, die an den unteren Ästen der Baumkrone Luftwurzeln bilden, die sich verdicken und im Boden verankern. Solche Wurzeln werden als Stützwurzeln bezeichnet. Sowohl Bäume mit Stelzwurzeln als auch jene mit Stützwurzeln können so die unterirdischen Organe mit mehr Sauerstoff versorgen. Der Boden im Regenwald ist durch die hohen Niederschläge oft wassergesättigt, sodass eine gute Belüftung des Wurzelsystems notwendig ist. Lentizellen ermöglichen den Gasaustausch mit der Luft. (vgl. PFADENHAUER und KLÖTZLI 2014: 89f.)

Die Blätter von tropischen Bäumen sind ledrig, meist ungegliedert und meso- bis hygromorph, wodurch die Transpiration erhöht wird. Als Kauliflorie bezeichnet man die Blütenentwicklung an den Ästen oder sogar am Stamm. Die Früchte, die sich an solchen Bäumen bilden, sind meist groß und schwer. Kauliflorie ist insbesondere bei Pflanzenarten der unteren Baumschicht anzutreffen. Die Blüten- und Fruchtentwicklung findet von Art zu Art zu unterschiedlichen Zeitpunkten statt. Während einige Arten nur alle paar Jahre blühen, wird bei anderen die Blütenbildung durch eine Trockenperiode eingeläutet, wie bei den Gattungen *Ceiba* und *Tabebuia*. (vgl. PFADENHAUER und KLÖTZLI 2014: 90)
Um sich vor Parasiten schützen zu können, besitzen zahlreiche Pflanzen extraflorale Nektarien. Durch die Nektarien werden Ameisen angelockt, die die Pflanzen gegen Herbivoren bewahren. Das Innere mancher Baumarten, wie bei *Cecropia* (Ameisenbaum), wird sogar von Ameisen bewohnt. (vgl. PFADENHAUER und KLÖTZLI 2014: 92f.)

Lianen sind typische Vertreter der Vegetation tropischer Regenwälder. Die meisten tropischen Lianen verholzen, wobei auch krautige Arten, wie *Vanilla planifolia* (Gewürzvanille), auftreten. Man differenziert zwischen Rankenpflanzen, bei denen die Ranken aus Blättern oder Seitensprossen entstehen, wie bei Leguminosen, Spreizklimmer, die sich mit Dornen oder Seitenästen in die Bäume hängen, Windenpflanzen, die sich um die Bäume winden, wie die Gattung *Aristolochia* (Pfeifenblumen), und Wurzelkletterer, die sich mit Haftwurzeln an den Bäumen halten, wie Vertreter der *Araceae* (Aronstabgewächse). (vgl. PFADENHAUER und KLÖTZLI 2014: 99f.) Lianen sind gegenüber anderen Tropenpflanzen im Vorteil, da sie besonders schnell wachsen, sich rasch regenerieren können und damit störungsresistent sind, sich sowohl vegetativ als auch generativ (meist anemochor) ausbreiten können und sehr wasserleitfähig sind. (vgl. PAUL und YAVITT 2011, zit. n. PFADENHAUER und KLÖTZLI 2014: 101)

Eine andere auffallende Pflanzengruppe sind Epiphyten. Obwohl Epiphyten in Tieflandregenwäldern nicht so häufig wie in mittleren Gebirgslagen (1.000-1.500 m) vorkommen, sind sie einer der häufigsten Vertreter des tropischen Tieflands. Unter Epiphyten versteht man Aufsitzerpflanzen, d.h. Pflanzen, die auf anderen Pflanzen wachsen, um sich so bessere Lichtverhältnisse zu verschaffen. In den immergrünen tropischen Wäldern kommen vor allem Kormo-Epiphyten, also epiphytische Gefäßpflanzen, vor. Die meisten Epiphyten stammen aus der Familie *Orchidaceae*, gefolgt von den *Araceae*, *Bromeliaceae* und *Piperaceae*. Abgesehen davon können Farne epiphytisch auftreten. Epiphyten gedeihen an Standorten, an denen ein Mangel an Nährstoffen und Wasser herrschen. Sie kommen sowohl an der Stammbasis als auch den basalen, mittleren und äußeren Teilen der großen Äste vor. (vgl. PFADENHAUER und KLÖTZLI 2014: 101, 104)

Während Sonnen-Epiphyten im oberen Kronenraum beheimatet sind, wachsen Schatten-Epiphyten im unteren Kronen- oder Stammraum. Manche Epiphyten sind xeromorph und besitzen ein wasserspeicherndes Gewebe. Dazu zählen viele Vertreter der Orchideen, deren Blattstiele als ‚Pseudobulben‘ auftreten. Auch einige Stammsukkulenten, wie *Rhipsalis* (*Cactaceae*), wachsen epiphytisch. (vgl. PFADENHAUER und KLÖTZLI 2014: 102) Eine spezielle Gattung der *Bromeliaceen* ist *Tillandsia*. Durch die Bildung von Saugschuppen können Wasser und Nährstoffe direkt aus der Umgebungsluft aufgenommen werden. Über Wassereinlasszellen gelangt die Feuchtigkeit in das Blattinnere. (vgl. BENZIG 1980, zit. n. PFADENAHUER und KLÖTZLI 2014: 103) *Araceen* und *Orchidaceen* besitzen spezielle Wurzeln, die ihnen eine optimale Wasseraufnahme ermöglichen. Der lebende Teil der Wurzel ist von einem toten Gewebe umgeben, dass die Feuchtigkeit wie ein Schwamm aufnimmt und sie in das Wurzelinnere weiterleitet. (vgl. PFADENAHUER und KLÖTZLI 2014: 103)

Mesomorphe Epiphyten wachsen in vermoderndem Holz, in Moosschichten oder in Astgabeln oder Baumhöhlen, wo sich Humus von der Trägerpflanze und dem eigenen Abfall ansammelt. Es existieren auch Farne, die ihre Wedel zu einer Art ‚Blumentopf‘ zusammenfügen. Hier sammelt sich organische Substanz. Wurzeln mit negativ geotropem Wachstum, d.h. mit nach oben gerichtetem Wachstum, wachsen dann in die organische Substanz hinein, um die Nährstoffe aufnehmen zu können. Sogenannte Zisternenpflanzen (zum Beispiel Vertreter der *Bromeliaceen*) formen mit ihren Blättern geschlossene Trichter, in denen sich Wasser und Detritus (zerfallene organische Substanz) ansammelt. Das Wasser wird durch Saugschuppen oder durch Wurzeln aufgenommen. Epiphylle stellen eine spezielle Form der epiphytisch-wachsenden Pflanzen dar. Dazu zählen wechselfeuchte Algen, Flechten, Lebermoose und kleine Farnpflanzen, die auf älteren Blättern leben. (vgl. PFADENHAUER und KLÖTZLI 2014: 103)

Einige Vertreter der Bromelien, Orchideen und epiphytischen Kakteen zählen zu den CAM-Pflanzen (*Crassulacean Acid Metabolism, Crassulaceen*-Säurestoffwechsel). Kohlenstoffdioxid wird nachts aufgenommen. In den heißen Tagesstunden werden die Spaltöffnungen geschlossen, wodurch die Transpiration vermindert wird. (vgl. PFADENHAUER und KLÖTZLI 2014: 103)

Als Bestäuber der Epiphyten fungieren verschiedene Insekten, Fledermäuse und Vögel, vor allem Kolibris. Die Vermehrung der Kormo-Epiphyten funktioniert meist generativ. Die Verbreitung der Samen passiert durch den Wind, wie bei Orchideen, Bromelien und Farnen, ansonsten sind insbesondere Vögel für die Ausbreitung verantwortlich. Orchideen keimen nur mithilfe von Mykorrhiza-Pilzen. *Araceae* und *Cactaceae* entwickeln Beeren, die endozoochor verbreitet werden. (vgl. PFADENHAUER und KLÖTZLI 2014: 103f.)

Eine besondere Lebensform stellen die Baumwürger, Vertreter der Hemi-Epiphyten, dar. Dazu zählen vor allem Arten der Gattungen *Ficus* und *Clusia*. Sie wachsen zuerst epiphytisch und bilden Luftwurzeln aus, die mit der Zeit die Bodenoberfläche erreichen und dann erstarken. Die Wurzeln, die den Wirtsbaum umgeben, schließen sich zu einer Röhre zusammen und hindern ihn beim weiteren Dickenwachstum bis er schließlich abstirbt. (vgl. PFADENHAUER und KLÖTZLI 2014: 105)

4.2   Golfo-Dulce-Region und Osa Halbinsel

Das Klima in der Golfo-Dulce-Region im Südwesten Costa Ricas zeichnet sich durch starke Unterschiede aus. Es lassen sich mehrere Mikroklimata ausmachen, sodass in den trockensten Gebieten mit einem Wasserdefizit von 70 Tagen zu rechnen ist, während in den nassesten Regionen keine Trockenperiode zu verzeichnen ist. In den tiefsten Gebieten der Osa Halbinsel fallen pro Jahr 3.000 bis 3.800 mm Niederschlag und in den höheren Lagen 4.000 bis 5.000 mm. An den höchsten Standorten sowie an den Küsten des Corcovado und nordöstlich von Golfito erreicht die mittlere Jahresniederschlagsmenge 5.500 bis 6.000 mm, wobei auch 6.500 mm möglich sind. Die durchschnittliche Jahrestemperatur an der Küste liegt bei 27°C, im Hochland bei 18°C. (vgl. GILBERT et al. 2016: 372)

Die pazifischen immergrünen Tieflandregenwälder im Süden Costa Ricas mit dem Corcovado Nationalpark und dem Piedras-Blancas-Nationalpark zählen zu Regionen mit der höchsten Biodiversität weltweit. (vgl. ALLEN 1956, HARTSHORN 1983, GÓMEZ 1986, zit. n. GILBERT et al. 2016: 373) Die große Artenvielfalt ist unter anderem darauf zurückzuführen, dass Costa Rica eine Art Korridor für die Ausbreitung von Pflanzen sowohl aus Nord- als auch aus Südamerika darstellt. (vgl. WEISSENHOFER et al. 2001: 15) Die Wälder lassen sich, was die Struktur und Zusammensetzung betrifft, mit den Regenwäldern im Amazonastiefland vergleichen und sind durch Störungen und Sukzessionsprozesse einem ständigen Wandel unterworfen. (vgl. GÓMEZ 1986, HUBER 1996, WEISSENHOFER et al. 2001, zit. n. GILBERT et al. 2016: 374f.) Es ist unmöglich die gesamte Artenvielfalt dieser Wälder zu erfassen. Im Corcovado Nationalpark wurden insgesamt 13 Ökosystemtypen klassifiziert: Mangrovenwälder, Küstenvegetation auf Sand und Felsen, eine Lagune mit schwimmenden Wasserpflanzen, Waldsümpfe, Sümpfe mit krautigen Pflanzen, Palmensümpfe, Tieflandwälder auf wenig drainagierten Alluvialböden, Wälder auf unebenem Terrain, Wälder auf gut drainagierten Terrassen und Alluvialböden, Wälder auf niedrigen Hügeln, Wälder auf steilen Hügeln, Hochlandwälder und Nebelwälder. (vgl. TOSI 1969, VAUGHAN 1979, HARTSHORN 1983, zit. n. GILBERT et al. 2016: 375)

Es wurden 433 Baumarten dokumentiert, die meisten davon im Esquinas-Wald, der zum Piedras- Blancas-Nationalpark gehört. (vgl. ZAMORA et al. 2004, zit. n. GILBERT et al. 2016: 373f.) Andere sprechen von über 700 Baumarten auf der Osa Halbinsel. (vgl. QUESADA et al. 1997, zit. n. GILBERT et al. 2016: 374) Einige Gattungen, wie *Anthodiscus, Batocarpus, Cariniana, Huberodendron* oder *Peltogyne* haben auf der Osa Halbinsel ihr nördlichstes Verbreitungsgebiet. (vgl. HARTSHORN 1983, HUBER 1996, QUESADA et al 1997,

ZAMORA et al. 2004, zit. n. GILBERT et al. 2016: 374) Über 80 Pflanzenarten sind endemisch, darunter *Vachellia allenii*, *Osa pulchra* (*Rubiaceae*), *Inga bella* und *Ruptiliocarpon caracolito* aus der Familie *Lepidobotryaceae*, die eigentlich nur in Afrika vorkommt. (vgl. GILBERT et al. 2016: 374) Im Allgemeinen sind die Tieflandregenwälder auf der Osa Halbinsel geprägt von sehr hohen Bäumen, die über 50 m hoch werden können. Im Corcovado Nationalpark wurde sogar ein 80 m hoher *Ceiba pentandra* (Kapokbaum) verzeichnet. (vgl. BOZA und BONILLA 1978, zit. n. GILBERT et al. 2016: 374) Typische Baumarten sind *Ardisia cutteri* oder *Heisteria longipes* sowie die Palmenarten *Iriartea gigantea* und *Socratea durissima*. (vgl. HARTSHORN 1983, zit. n. GILBERT et al. 2016: 374) Weitere häufige Arten die auftreten sind *Vantanea barbourii*, *Brosimum utile*, die Palmenart *Welfia georgii*, *Caryocar costaricense*, *Qualea paraensis* etc. (vgl. GILBERT et al. 2016: 374) In den mittleren Lagen wird die Vegetation durch beispielsweise *Qualea paraensis* und *Calophyllum brasiliense* charakterisiert; auf den höchsten Standorten wachsen Arten, die mit niedrigeren Temperaturen zurechtkommen sowie zahlreiche Epiphyten und Baumfarne der Familie *Cyatheaceae*. (vgl. QUESADA et al. 1997, KAPPELLE et al. 2003, ZAMORA et al. 2004, zit. n. GILBERT et al. 2016: 377)

Tab. 3: Häufigste Pflanzengattungen und -familien in der Golfo-Dulce-Region (eigene Darstellung; Datenquelle: HUBER et al. 2008b: 98)

Häufigste Pflanzengattungen	Familien mit der höchsten Anzahl an Arten
1. *Piper* (*Piperaceae*)	1. *Fabaceae* (Hülsenfrüchtler)
2. *Psychotria* (Brechsträucher, *Rubiaceae*)	2. *Rubiaceae* (Rötegewächse)
3. *Miconia* (*Melastomataceae*)	3. *Orchidaceae* (Orchideen)
4. *Inga* (*Fabaceae*)	4. *Melastomataceae* (Schwarzmundgewächse)
5. *Anthurium* (Flamingoblumen, *Araceae*)	5. *Araceae* (Aronstabgewächse)
6. *Philodendron* (*Araceae*)	6. *Piperaceae* (Pfeffergewächse)
7. *Pouteria* (*Sapotaceae*)	7. *Poaceae* (Süßgräser)
8. *Ficus* (Feigen, *Moraceae*)	8. *Euphorbiaceae* (Wolfsmilchgewächse)
9. *Ocotea* (Oleaceae)	9. *Asteraceae* (Korbblütler)
10. *Solanum* (Nachtschattengewächse, *Solanaceae*)	10. *Lauraceae* (Lorbeergewächse)
11. Peperomia (Zwergpfeffer, *Piperaceae*)	
12. *Clidemia* (*Melastomataceae*)	
13. *Maxillaria* (*Orchidaceae*)	

14. *Costus* (*Costaceae*)
15. *Sloanea* (*Elaeocarpaceae*)

Abseits der natürlichen Tieflandregenwälder werden verschiedene Nutzpflanzen kultiviert. Häufig kommen Baumplantagen mit *Tectona grandis* (Teakbaum), *Gmelina arborea* (Familie der *Lamiaceae*) und *Pachira quinata* (Familie der *Malvaceae*) vor. (vgl. KAPPELLE et al., zit. n. GILBERT et al. 2016: 377) Weitere Kulturpflanzen sind Kaffee, Reis, Ölpalmen (*Elaeis guineensis*), Pfirsichpalmen (*Bactris gasipaes*), Bananen und Cashew (*Anacardium occidentale*). (vgl. GILBERT et al. 2016: 377)

4.3   Karibisches Tiefland

Das Klima im karibischen Tiefland wird von den Passatwinden geprägt. Die durchschnittliche Niederschlagsmenge liegt zwischen 2.500 und 5.000 mm pro Jahr. Zwischen Jänner und März ist mit einer trockeneren Periode zu rechnen, wobei diese nicht so intensiv ausfällt, wie an der mittleren Pazifikküste. (vgl. MCCLEARN et al. 2016: 534f.)

Die atlantischen immergrünen Tieflandregenwälder erstrecken sich auf einem vorwiegend sehr flachen Terrain (nicht über 500 m) von der Peñas-Blancas-Region in der Provinz Guanacaste bis in die Provinz Limón im Südosten Costa Ricas. Zu den Schutzgebieten zählen beispielsweise die Biologische Station La Selva und der Nationalpark Tortuguero an der Atlantikküste im Nordosten Costa Ricas. (vgl. MCCLEARN et al. 2016: 539)

Tab. 4: Häufigste Pflanzengattungen und -familien in den tropischen Tieflandregenwäldern des karibischen Flachlandes Costa Ricas (eigene Darstellung; Datenquelle: MCCLEARN et al. 2016: 539)

Häufigste Pflanzengattungen	Familien mit der höchsten Anzahl an Arten
1. *Piper* (*Piperaceae*)	1. *Rubiaceae* (Rötegewächse)
2. *Psychotria* (Brechsträucher, *Rubiaceae*)	2. *Orchidaceae* (Orchideen)
3. *Miconia* (*Melastomataceae*)	3. *Araceae* (Aronstabgewächse)
4. *Philodendron* (*Araceae*)	4. *Melastomataceae* (Schwarzmundgewächse)
5. *Anthurium* (Flamingoblumen, *Araceae*)	5. *Piperaceae* (Pfeffergewächse)
6. *Inga* (*Fabaceae*)	6. *Fabaceae* (Hülsenfrüchtler)
7. *Peperomia* (Zwergpfeffer, *Piperaceae*)	7. *Poaceae* (Süßgräser)

8. *Solanum* (Nachtschattengewächse, *Solanaceae*)	8. *Asteraceae* (Korbblütler)
9. *Calathea* (Korbmaranten, *Marantaceae*)	9. *Euphorbiaceae* (Wolfsmilchgewächse)
10. *Pleurothallis* (*Orchidaceae*)	10. *Malvaceae* (Malvengewächse)

Krautige Pflanzen kommen am häufigsten vor, gefolgt von Bäumen, Sträuchern, Rankengewächsen und Palmen. Typische Arten sind *Neea laetevirens*, *Bactris hondurensis*, *Anthurium bakeri* und *Psychotria grandis*. Im Regenwald von La Selva zählen zu den dominanten Familien Orchideen, Aronstabgewächse und Bromelien. Als Bäume treten häufig *Pentaclethra macroloba*, *Socratea exorrhiza* (Stelzenpalme), *Welfia regia*, *Protium pittieri* und *Warszewiczia coccinea* auf. Vertreter von Emergenten sind unter anderem der Mandelbaum *Dipteryx panamensis* und *Hymenolobium mesoamericanum* etc. Als invasiver Neophyt gilt die ursprünglich als Zierpflanze kultivierte *Musa velutina*, eine Zwergbanane, die rosa Früchte ausbildet. (vgl. MCCLEARN et al. 2016: 540f.)

Mittels Waldrodungen schrumpfte die Fläche der Primärwälder immer stärker und es wurde Platz für Weideland und Kulturflächen gemacht. Angebaut werden vor allem Kakao, Bananen, Rohrzucker, Ananas sowie verschiedene Nutzpalmen.

5   Küstenvegetation

Die Küsten Costa Ricas lassen sich grob in Sandküsten, Steilküsten und Küsten mit Mangrovenhainen einteilen. An Sandküsten siedeln nur Pflanzenarten, die mit den salzigen und nährstoffarmen Bedingungen sowie den selbst in tropisch regenreichen Gebieten schnell austrocknenden Boden zurechtkommen. Solche Pflanzen werden als Psammophyten bezeichnet. (vgl. PFADENHAUER und KLÖTZLI 2014: 126) So gedeihen beispielsweise an den sandigen Küsten der Osa Halbinsel vorwiegend Kokosnusspalmen (*Cocos nucifera*) sowie verschiedene Arten von Myrobalanen (*Terminalia*). (vgl. GILBERT et al. 2016: 377) Die Vegetation ist generell artenarm. Epiphyten treten aufgrund des Salzeintrages selten auf. An Kiesstränden kommt *Hibiscus pernambucensis* häufig vor. (vgl. WEISSENHOFER et al. 2008b: 82)

Im Piedras-Blancas-Nationalpark reicht dichter Regenwald meist bis an die steilen und felsigen Küsten. Die Waldstruktur ändert sich hier rasch, was vermutlich auf den Salzeintrag des Meeres zurückzuführen ist. *Schizolobium parahyba* ist ein typischer Emergent dieser Küstenvegetation. Palmen kommen hier nur sehr selten vor, Hemi-Epiphyten und Lianen hingegen sehr häufig. (vgl. WEISSENHOFER et al. 2008b: 73, vgl. WEISSENHOFER et al. 2001: 19) Direkt an der felsigen Küste ist die Vegetation an sehr salzige und auch trockenere Bedingungen angepasst. Mit 15 bis 20 m sind die höchsten Bäume relativ niedrig. *Warszewiczia coccinea* (*Rubiaceae*) ist ein typischer Vertreter. (vgl. WEISSENHOFER et al. 2008b: 81f.)

Mangrovenhaine mit verschiedenen Arten, wie *Pelliciera rhizophorae*, *Laguncularia racemosa* etc., besiedeln die Ästuare der Flüsse Rincón, Llorona und Tigre, den Estero Corcovado, das Refugio Nacional de Fauna Silvestre Golfito sowie das Térraba-Sierpe Feuchtgebiet. (vgl. JIMÉNEZ 1981, JIMÉNEZ und SOTO 1985, PHILLIPS 1991, HERRERA-MACBRYDE et al. 1997, KAPPELLE et al. 2003, zit. n. GILBERT et al. 2016: 377) Auch an der sehr feuchten Karibikküste treten Mangrovenwälder auf, obwohl die schwachen Tiden und die geomorphologische Beschaffenheit dieser Region nicht optimal für das Wachstum von Mangroven sind. Es existieren zwei größere Mangrovenhaine, und zwar in Moín und in der Lagune Gandoca. (vgl. COLL et al. 2001, CORTÉS et al. 2001, zit. n. CORTÉS 2016: 599)

6   Tropische Tieflandsümpfe

Die Vegetation der tropischen Sümpfe ist von krautigen Pflanzen, Seggen und Gräsern geprägt. In den karibischen Feuchtgebieten kommen unter anderem *Calathea lutea, Thalia geniculata, Cyperus giganteus, Scleria* und *Solanum lancefolia*, vor, um nur einige Vertreter zu nennen. (vgl. JIMÉNEZ 2016: 687)

Als die größten wechselfeuchten bzw. saisonalen Sumpflandschaften Costa Ricas gelten zum einen die flache Tempisque-Region mit dem Nationalpark Palo Verde und zum anderen die Caño Negro– Río Frío–Guatuso-Ebenen. Der Caño Negro-See kann in der Regenzeit eine Tiefe von bis zu drei Metern erreichen, während er in der Trockenzeit fast austrocknet. (vgl. JIMÉNEZ 2016: 687ff.) Die Vegetationsbedeckung erreicht am Ende der regenreichen Zeit, d.h. im November, ihr Maximum. (vgl. HERNÁNDEZ 1990, zit. n. JIMÉNEZ 2016: 690) In den Caño Negro-Feuchtgebieten kommen zahlreiche Wasserpflanzen, wie *Nymphaea ampla, Salvinia sprucei, Neptunia plena* etc. vor. Am Rand der Wasserflächen gedeihen insbesondere hohe Gräser und Seggen. Während der Trockenperiode treten vermehrt krautige Pflanzen auf. Dazu zählen zum Beispiel *Polygonum segetum* oder *Aeschynomene virginica*. (vgl. JIMÉNEZ 2016: 689f.) Außerdem ist Caño Negro das südlichste Verbreitungsgebiet der Palmenart *Acoelorrhaphe wrightii*. (vgl. NOTEWORTHY et al. 1992, zit. n. JIMÉNEZ 2016: 689f.) Im Nationalpark Palo Verde gilt der gleichnamige ‚Palo Verde' (Grüner Baum), d.h. *Parkinsonia aculeata* (Jerusalemsdorn) als typischer Vertreter der Flora dieses Feuchtgebietes. Sonst ist die Vegetationszusammensetzung mit dem Caño-Negro-Gebiet vergleichbar. (vgl. JIMÉNEZ 2016: 690)

Tropische Waldmoore, Palmen- und Waldsümpfe kommen in den niederschlagsreichsten Tieflandregionen Costa Ricas vor, oft in abflussschwachen Senken oder im Anschluss an Mangroven. Die Nährstoffarmut und die große Nässe lassen eine schnelle Zersetzung der organischen Substanz nicht zu, obwohl hohe Temperaturen gegeben wären. (vgl. PFADENHAUER und KLÖTZLI 2014: 135f.) Die Lagune im Corcovado Nationalpark wird von schwimmenden Wasserpflanzen, wie *Eichhornia crassipes* (Dickstielige Wasserhyazinthe) oder *Pistia stratiotes* (Wassersalat), dominiert. (vgl. QUESADA et al. 1997, zit. n. GILBERT et al. 2016: 377) Im umliegenden Sumpf gedeihen Grasarten, wie *Hymenachne* sp. oder *Panicum maximum*, örtlich auch die Palmenarten *Bactris major* und *Elaeis oleifera* (Amerikanische Ölpalme). (vgl. HERRERA-MACBRYDE et al. 1997, zit. n. GILBERT et al. 2016: 377) Es treten auch Palmen-Moorwälder oder Palmensümpfe mit der zur Familie der

Areaceae gehörenden *Raphia taedigera* auf, die 15 m lange Wedel ausbildet. Die Wassertiefe kann fast einen Meter betragen. Palmensümpfe sind auch am Rande der Lagunen im Tortuguero Nationalpark im Norden der Karibikküste sowie zum Teil in der Caño Negro-Region zu finden. Eine andere Sumpfpalmenart ist *Manicaria saccifera*. Weiters kommen Waldsümpfe mit *Pterocarpus officinalis* (Drachenblutbaum aus der Familie *Fabaceae*), *Andira inermis, Carapa guianensis, Symphonia globulifera* etc. vor. Solche Waldsümpfe findet man beispielsweise entlang des Río Coto und des Río Rincón in der Golfo-Dulce-Region. Im Unterwuchs wachsen oft Palmen wie *Cryosophila guagara* oder *Prestoea decurrens*. (vgl. DEVALL und KIESTER 1987, HERRERA-MACBRYDE et al. 1997, zit. n. GILBERT et al. 2016: 377, vgl. CORTÉS 2016: 598; vgl. JIMÉNEZ 2016: 694f., vgl. WEISSENHOFER et al. 2001: 21)

Literaturverzeichnis

CORTÉS, J. (2016): The Caribbean Coastal and Marine Ecosystems. – in: KAPPELLE, M. (Hrsg.) (2016): Costa Rican ecosystems. – Chicago, London: The University of Chicago Press. 591- 617.

GILBERT, L., CHRISTEN, C., ALTRICHTER, M., LONGINO, J., SHERMAN, P., PLOWES, R., SWARTZ, M., WINEMILLER, K., WEGHORST, J., VEGA, A., PHILLIPS, P., VAUGHAN, C. und KAPPELLE, M. (2016): The Southern Pacific Lowland Evergreen Moist Forest of the Osa Region. – in: KAPPELLE, M. (Hrsg.) (2016): Costa Rican ecosystems. – Chicago, London: The University of Chicago Press. 360-411.

HORN, S. und HABERYAN, K. (2016): Lakes of Costa Rica. – in: KAPPELLE, M. (Hrsg.) (2016): Costa Rican ecosystems. – Chicago, London: The University of Chicago Press. 656-682.

HUBER, W., WEISSENHOFER, A. und ESSL, F. (2008a): Alien plants and invasion patterns in different habitats of the Golfo Dulce area, Costa Rica. – In: WEISSENHOFER, A., HUBER, W., MAYER, V., PAMPERL, S., WEBER, A. und AUBRECHT, G. (Hrsg.) (2008): Natural and cultural history of the Golfo Dulce region, Costa Rica. – Linz: Biologiezentrum der Oberösterreichischen Landesmuseen. 105-110.

HUBER, W., WEISSENHOFER, A., ZAMORA, N. und WEBER, A. (2008b): Plant diversity and biogeography of the Golfo Dulce Region, Costa Rica. – In: WEISSENHOFER, A., HUBER, W., MAYER, V., PAMPERL, S., WEBER, A. und AUBRECHT, G. (Hrsg.) (2008): Natural and cultural history of the Golfo Dulce region, Costa Rica. – Linz: Biologiezentrum der Oberösterreichischen Landesmuseen. 97-103.

JANZEN, D. und HALLWACHS, W. (2016): Biodiversity conservation History and Future in Costa Rica: The Case of Área de Conservación Guanacaste (ACG). – in: KAPPELLE, M. (Hrsg.) (2016): Costa Rican ecosystems. – Chicago, London: The University of Chicago Press. 290-341.

JIMÉNEZ, J. (2016): Bogs, Marshes, and Swamps of Costa Rica. – in: KAPPELLE, M. (Hrsg.) (2016): Costa Rican ecosystems. – Chicago, London: The University of Chicago Press. 683-705.

JIMÉNEZ, Q. und CARRILLO, E. (2016): The Central Pacific Seasonal Forests of Puntarenas and the Central Valley. – in: KAPPELLE, M. (Hrsg.) (2016): Costa Rican ecosystems. – Chicago, London: The University of Chicago Press. 247-289.

JIMÉNEZ, Q., CARRILLO, E. und KAPPELLE M. (2016): The Northern Pacific Lowland Seasonal Dry Forests of Guanacaste and the Nicoya Peninsula. – in: KAPPELLE, M. (Hrsg.) (2016): Costa Rican ecosystems. – Chicago, London: The University of Chicago Press.

MCCLEARN, D., ARROYO-MORA, J., CASTRO, E., COLEMAN, R., ESPELETA J., GARCÍA-ROBLEDO, C., GILMAN, A., GONZÁLEZ, J., JOYCE, A., KUPREWICZ, E., LONGINO, J., MICHEL, N., RODRÍGUEZ, C., ROMERO, A., SOTO, C., VARGAS, O., WENDT, A., WHITEFIELD, S. und TIMM, R. (2016): The Caribbean Lowland Evergreen Moist and Wet Forests. – in: KAPPELLE, M. (Hrsg.) (2016): Costa Rican ecosystems. – Chicago, London: The University of Chicago Press. 527-587.

MORALES, J. (2011): Orquídeas, cactus y bromelias del bosque seco Costa Rica. – Santo Domingo de Heredia: Instituto Nacional de Biodiversidad.

PFADENHAUER, J. und KLÖTZLI, F. (2014): Vegetation der Erde: Grundlagen, Ökologie, Verbreitung. – Berlin, Heidelberg: Springer.

WEISSENHOFER, A., HUBER, W. und KLINGLER, M. (2008a): Geography of the Golfo Dulce region. – In: WEISSENHOFER, A., HUBER, W., MAYER, V., PAMPERL, S., WEBER, A. und AUBRECHT, G. (Hrsg.) (2008): Natural and cultural history of the Golfo Dulce region, Costa Rica. – Linz: Biologiezentrum der Oberösterreichischen Landesmuseen. 19-21.

WEISSENHOFER, A., HUBER, W., KOUKAL, T., IMMITZER, M., SCHEMBERA, E., SONTAG, S., ZAMORA, N. und WEBER, A. (2008b): Ecosystem diversity in the Piedras Blancas National Park and adjacent areas (Costa Rica), with the first vegetation map of the area.

– In: WEISSENHOFER, A., HUBER, W., MAYER, V., PAMPERL, S., WEBER, A. und AUBRECHT, G. (Hrsg.) (2008): Natural and cultural history of the Golfo Dulce region, Costa Rica. – Linz: Biologiezentrum der Oberösterreichischen Landesmuseen. 65-96.

WEISSENHOFER, A., HUBER, W., ZAMORA, N., WEBER, A. und GONZÁLEZ, J. (2001): A Brief Outline of the Flora and Vegetation of the Golfo Dulce Region. – in: WEBER, A. (Hrsg.) (2001): An introductory field guide to the flowering plants of the Golfo Dulce rain forests Costa Rica: Corcovado National Park and Piedras Blancas National Park ("Regenwald der Österreicher"). – Linz: Biologiezentrum des Oberösterreichischen Landesmuseums Linz. 15-24.

Tabellenverzeichnis